BEI GRIN MACHT SICH IHR WISSEN BEZAHLT

- Wir veröffentlichen Ihre Hausarbeit, Bachelor- und Masterarbeit

- Ihr eigenes eBook und Buch - weltweit in allen wichtigen Shops

- Verdienen Sie an jedem Verkauf

Jetzt bei www.GRIN.com hochladen und kostenlos publizieren

Sebastian Janzen

Tourismus in ländlichen Räumen der Entwicklungsländer

Chancen und Risiken

GRIN Verlag

Bibliografische Information der Deutschen Nationalbibliothek:

Die Deutsche Bibliothek verzeichnet diese Publikation in der Deutschen National-
bibliografie; detaillierte bibliografische Daten sind im Internet über http://dnb.d-
nb.de/ abrufbar.

Impressum:

Copyright © 2005 GRIN Verlag GmbH
Druck und Bindung: Books on Demand GmbH, Norderstedt Germany
ISBN: 978-3-638-92027-8

Dieses Buch bei GRIN:

http://www.grin.com/de/e-book/86897/tourismus-in-laendlichen-raeumen-der-
entwicklungslaender

Institut für Geographie

Westfälische Wilhelms-Universität Münster

Hauptseminar: Tourismus in ländlichen Räumen

SoSe 2005

Tourismus in ländlichen Räumen der Entwicklungsländer

-Chancen und Risiken-

Bearbeitet von:

Sebastian Janzen

Inhaltsverzeichnis:

1. Einleitung

Der internationale Tourismus gehört seit gut 40 Jahren zu den Sektoren der Weltwirtschaft, welche die größten Wachstumsraten zu verzeichnen haben. Den Hauptanteil an dieser Entwicklung haben Reisen zwischen entwickelten Ländern, aber auch der Tourismus in Entwicklungsländern hat im Zeitalter der Globalisierung deutlich an Stellenwert gewonnen. So wurden „[a]n der Wende zum Dritten Jahrtausend [...] weltweit etwa ein Drittel aller internationalen Touristenankünfte in Entwicklungsländern registriert"[1].

Ausschlaggebend für die Entwicklung des Tourismus in weniger entwickelte Ländern war u.a. der Ausbau des interkontinentalen Flugverkehrs zu Beginn der 60er Jahre. Das in den wohlhabenden Industrienationen gestiegene Interesse an „exotischen" Destinationen konnte hierdurch leichter befriedigt werden, da nun auch „Langstreckenziele mit über 12 Stunden Flugdauer vermehrt und in organisierter Form besucht"[2] werden konnten. Bis heute wächst die Zahl der Reisen in Entwicklungsländer stetig und immer mehr Länder versuchen an diesem „Boom" teilzuhaben. Im Vordergrund der Erwartungen steht dabei der wirtschaftliche Nutzen, den sich die wenig entwickelten Länder von der Öffnung für den Tourismus versprechen. Letztlich erhoffen sie sich vom Fremdenverkehr die Überwindung ihrer „Unterentwicklung" (im Vergleich zu den Lebensstandards der Industrienationen). In den „Entwicklungsplänen" der meisten Staaten finden sich somit auch „vorrangig wirtschaftliche Ziele: [Die] Schaffung von Einkommen und Beschäftigung, [die] Erhöhung der Deviseneinnahmen sowie [...] [die] Milderung räumlicher und sozialer Disparitäten"[3]. Es gilt jedoch keineswegs als gesichert, dass die Erwartungen auch erfüllt werden müssen. Oft bleiben die positiven ökonomischen Effekte aus oder es ergeben sich gar negative. Ebenso werden von vielen Wissenschaftlern zahlreiche (sowohl positive als auch negative) sozio-kulturelle und ökologische Auswirkungen des Tourismus in Entwicklungsländern genannt, so dass sich seit den 70er Jahren eine kontroverse Debatte um die Chancen und Risiken von Entwicklungsländertourismus ergeben hat. Kann der Fremdenverkehr in wenig entwickelten Ländern als Allheilmittel oder als Lückenbüßer angesehen werden? Ist er „Vehikel der Entwicklung oder Weg in die Unterentwicklung?"[4]

Im Folgenden sollen zunächst Merkmale und Besonderheiten des Tourismus in Entwicklungsländern aufgezeigt werden, bevor die Hauptleitlinien der Diskussion um Vor-

---

[1] Job, H. u. S. Weizenegger (2003): Tourismus in Entwicklungsländern. In: Becker, C., H. Hopfinger u. A. Steinecke (Hrsg.) (2003): Geographie der Freizeit und des Tourismus. München u. Wien, 2003. S. 629.
[2] Job u. Weizenegger (2003). S. 632.
[3] Vorlaufer, K. (2003): Tourismus in Entwicklungsländern. Bedeutung, Auswirkungen, Tendenzen. In: Geographische Rundschau 55, H. 3, S. 5.
[4] Vorlaufer, K. (1990): Dritte-Welt-Tourismus - Vehikel der Entwicklung oder Weg in die Unterentwicklung?. In: Geographische Rundschau 42, H. 1, S. 4.

und Nachteile kurz skizziert werden. In einem weiteren Schritt sollen -weniger allgemein- anhand von zwei Beispielländern die Chancen und Probleme des Tourismus in Ägypten und in Thailand näher beleuchtet werden.

2. Chancen und Risiken des Tourismus in ländlichen Räumen der Entwicklungsländer

2.1 Merkmale und Besonderheiten des Entwicklungsländertourismus

Wenn man vom „Tourismus in Entwicklungsländern" spricht, hört sich dieses zunächst nach einem klar definierten Betrachtungsgegenstand an. Jeder weiß mehr oder weniger wovon die Rede ist. Doch bei genauerer Beschäftigung ergeben sich Probleme, die daraus resultieren, dass die „Begriffe "Entwicklung" und "Entwicklungsländer" [...] unbestimmt [sind] und nicht allgemein gültig definierbar"[5]. Die Frage, welche Länder nun als Entwicklungsländer gelten, kann nicht so leicht beantwortet werden. So stellen auch Job und Weizenegger fest, dass es „weder eine einheitliche Definition noch eine international verbindliche Liste von Entwicklungsländern"[6] gibt. Einigkeit besteht darin, dass es Länder sind, die im Vergleich zu den Industrieländern sozial und wirtschaftlich unterentwickelt sind. Als gemeinsame Merkmale gelten im Allgemeinen „relativ hohes Bevölkerungswachstum, geringe Lebenserwartung, niedriges Pro-Kopf-Einkommen, schlechte Gesundheitsversorgung, niedrige Alphabetisierungsrate, niedriger Lebensstandard, hoher Anteil von Beschäftigten im primären Sektor und Polarisierung traditioneller und moderner Wirtschaftsstrukturen"[7]. Da es keine einheitliche Definition gibt und die oben aufgeführten Merkmale von unterschiedlichen Institutionen (z.B. Weltbank, Vereinte Nationen, World Tourism Organisation etc.) für die Kategorisierung der Länder unterschiedlich stark gewichtet werden, kommt es oft zu Problemen bei der Vergleichbarkeit insbesondere von statistischen Ergebnissen.

Wie bereits weiter oben erwähnt, hat die gestiegene Nachfrage nach Reisen in weniger entwickelte Länder ihren Ausgangspunkt im Ausbau des interkontinentalen Flugverkehrs in den 60-er Jahren des letzten Jahrhunderts. Sicherlich ist in diesem Zusammenhang anzumerken, dass die Entwicklung des Tourismus im Allgemeinen seit den 60-er Jahren „boomt". Betrug die Zahl der Auslandsreisen 1960 „weltweit etwa 71 Mio.", so konnten 1988

---

[5] Engelhard, K. (2003): Entwicklungsländer. Von der Entwicklungshilfe zur Entwicklungszusammenarbeit – ein didaktischer Perspektivenwechsel. In: Geographie heute 215, S. 2.
[6] Job u. Weizenegger (2003). S. 629.
[7] Job und Weizenegger (2003). S. 629.

bereits 391 Mio. Touristenankünfte in der Welt gezählt werden.[8] Nach den Daten der WTO stieg die Zahl bis 1999 auf ca. 650 Mio..[9] In ca. 40 Jahren hat die Zahl der weltweiten Touristenankünfte sich nahezu verzehnfacht. Der Geograph Karl Vorlaufer hat auf Basis der Daten der WTO von 1981 bis 1999 die Entwicklung der internationalen Touristenankünfte nach Ländergruppen grafisch dargestellt (vgl. Abb. 1, nächste Seite). Zusätzlich werden auch die prozentualen Anteile der einzelnen Ländergruppen an den Ankünften (ca. 650 Mio.) und Deviseneinnahmen (ca. 455 Mrd. US-Dollar) für das Jahr 1999 angegeben. Den größten Anteil an touristischen Ankünften (ca. 40 %) und an Deviseneinnahmen (ca. 38 %) aus dem Tourismus haben die Staaten der Europäischen Union (Länder von 1995). Auf die Ländergruppen, unter die auch die meisten Entwicklungsländer fallen (Lateinamerika, Karibik; Afrika; Asien ohne Japan, Pazifik) kommen ca. 30 % der Touristenankünfte und ca. 28 % der Deviseneinnahmen.

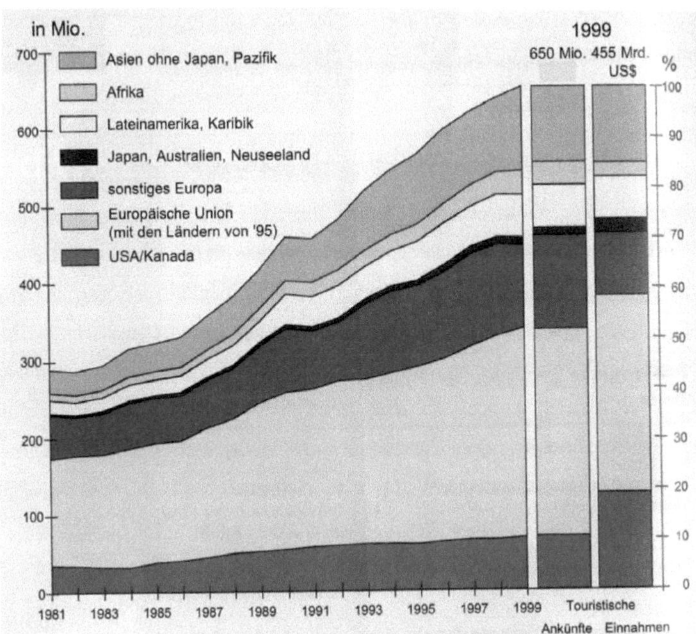

Abb. 1: Entwicklung internationaler Touristenankünfte nach
Ländergruppen 1981bis 1999 sowie der prozentuale
Anteil an Ankünften und Deviseneinnahmen
Quelle: Vorlaufer (2003). S. 4.

---

[8] Vgl.: Thießen, B. (1993) : Tourismus in der Dritten Welt. Trier (= Trierer Tourismus Bibliographien, Bd. 3). S. 13.
[9] Vorlaufer (2003). S. 4.

Um die Entwicklung des Tourismus in Entwicklungsländern besser verstehen zu können, ist es hilfreich sich die verschiedenen Einflussfaktoren vor Augen zu führen, welche dazu beitragen, dass die Nachfrage entweder gesteigert oder gehemmt wird. Im Allgemeinen kann man nachfragesteigernde und nachfragehemmende Faktoren im Quellgebiet von denen im Zielgebiet unterscheiden. Da es im Rahmen dieser Arbeit unmöglich ist auf alle Faktoren detailliert einzugehen, sollen hier nur die (aus meiner Sicht) relevantesten kurz angesprochen werden.[10] Als nachfragesteigernder Faktor im Quellgebiet kann z.B. die zunehmende Reiseerfahrung angesehen werden. Dadurch, dass es die Möglichkeit gibt mit dem Flugzeug an fast jeden Ort dieser Erde zu gelangen und durch relativ „preisgünstige" Angebote sind heute sehr viele Menschen in der Lage größere Reisen zu unternehmen. Diese bauen dann „Ängste" ab und somit werden auch „exotische" Ziele ins Visier genommen. Auch gelten Reisen in Entwicklungsländer oft als Prestigefaktor, da ihnen ein Hauch von Abenteuer anhaftet und letztlich das Image des Reisenden aufwertet. Nicht unterschätzt werden darf im Bereich der nachfragesteigernden Faktoren im Quellgebiet die starke Medienpräsenz, welche durch gezielte Werbekampagnen den Entwicklungsländertourismus besonders in den Industrienationen vermarkten will. Als nachfragehemmender Faktor im Quellgebiet wirkt z.B. ein eventueller Rückgang des verfügbaren Einkommens. Zwar gibt es durchaus Studien, die bewiesen haben, dass die Menschen auch bei finanziell angespannteren Situationen nicht gänzlich auf ihren Urlaub verzichten, jedoch werden aufwendigere Reisen (z.B. in Entwicklungsländer) dann nicht so häufig unternommen. Ebenfalls nachfragehemmend kann die Erhöhung von Transportkosten wirken. Ein zunehmendes Bewusstsein in Bezug auf Umweltverträglichkeit und Sozialverantwortlichkeit von Tourismus (in Entwicklungsländern) veranlasst viele Menschen dazu auf neue, umweltverträglichere Tourismusformen (z.B. Ökotourismus) umzusteigen. Diese werden jedoch häufig in Entwicklungsländern wegen höherer Investitionskosten etc. nicht gefördert. Betrachtet man die nachfragesteigernden Faktoren im Zielgebiet, fällt auf, dass es vornehmlich wirtschaftliche Aspekte sind, die hier wirken. So erhofft man sich im Zielgebiet vom Tourismus einen Beschäftigungseffekt und eine Deckung des Devisenbedarfs. Nachfragesteigernd wirkt aber häufig auch die außergewöhnliche Kultur sowie die exotische Pflanzen- und Tierwelt in vielen Entwicklungsländern. Als nachfragehemmende Faktoren im Zielgebiet gelten u.a. politische Konflikte (vgl. 2.2 Ägypten), Umweltkatastrophen oder auch Menschenrechtsverletzungen in der Destinationen. Ebenfalls schreckt die hygienische Situation in den Entwicklungsländern die Touristen von Reisen in die entsprechenden Länder häufig ab. Aber auch Sprachbarrieren

---

[10] Vgl. zur Darstellung der nachfragesteigernden und nachfragehemmenden Faktoren: Job u. Weizenegger (2003). S. 633.

hindern viele Menschen Reisen in unbekannte Länder zu unternehmen. Insgesamt zeigt sich bei den nachfragesteigernden und nachfragehemmenden Faktoren ein sehr komplexes, differenziertes Gefüge, so dass sich im Quellgebiet und im Zielgebiet meistens mehrere Aspekte auf die Tourismusentwicklung auswirken.

In der Diskussion um die Auswirkungen, also die Vor- und Nachteile des Entwicklungsländertourismus lassen sich seit Beginn der 60-er Jahre mehrere Hauptleitlinien erkennen. So teilt Karl Vorlaufer die Diskussion in drei „Phasen mit jeweils spezifischen neuen Schwerpunkten und Positionen"[11] ein. Die erste Phase, die „Euphoriephase", setzte mit der allgemeinen Erweiterung des Fernreiseverkehrs durch den Ausbau des interkontinentalen Flugverkehrs zu Beginn der 60-er Jahre ein und endete ca. 1972.[12] In dieser Zeit nahm der Tourismus in Entwicklungsländern zahlenmäßig stark zu. Während der Euphoriephase wurde der Tourismus in der wissenschaftlichen und entwicklungspolitischen Diskussion „vornehmlich unter ökonomischen Gesichtpunkten gesehen"[13]. Somit wurden vor allem die angeblichen wirtschaftlichen Vorteile des Tourismus hervorgehoben. Man versprach sich vom Fremdenverkehr in erster Linie einen „Devisen-, Beschäftigung-, Einkommens- [und] Multiplikatoreffekt"[14]. Die meisten Wissenschaftler vertraten die Meinung, dass der Tourismus „als ein Instrument gewertet [werden kann], über das in [Entwicklungsländern] mit touristischen Ressourcen ein Wirtschaftswachstum und, daraus folgend, eine an Industrieländern orientierte Entwicklung in relativ kurzer Zeit erreicht werden kann. Rückblickend muss man jedoch feststellen, dass der Tourismus in der Euphoriephase überbewertet wurde. Er wurde als Problemlöser für Entwicklungsdefizite aller Art gesehen, was dazu führte, dass durch die einseitige Betrachtung der ökonomischen Aspekte des Tourismus gleichzeitig die Probleme und Risiken vernachlässigt wurden. Erst Anfang der 70er Jahre wurden auch kritische Stimmen lauter. So wiesen z.B. einige Autoren darauf hin, dass der Ausbau der Infrastruktur in vielen Entwicklungsländern große Teile der Deviseneinnahmen verschlingen würde. In diesem Zusammenhang muss angemerkt werden, dass die Sickerrate, also der Anteil der Deviseneinnahmen, der für tourismusbedingte Importe direkt wieder abfließt, auch heute noch von verschiedenen Autoren sehr unterschiedlich eingeschätzt wird. So kann sie bei kleinen, armen und wenig industrialisierten Ländern, wie z.B. bei vielen pazifischen und karibischen Inselstaaten, deutlich über 50 % liegen. Ab dem Jahr 1973 „schlug das Pendel hinsichtlich der Einschätzung der vom Tourismus ausgehenden

---

[11] Vorlaufer, K. (1996): Tourismus in Entwicklungsländern. Möglichkeiten und Grenzen einer nachhaltigen Entwicklung durch Fremdenverkehr. Darmstadt. S. 4.
[12] Vgl.: Vorlaufer (1996). S. 4 f.
[13] Thießen (1993). S. 28.
[14] Thießen (1993). S. 28.

Wirkungen zunächst extrem in die andere Richtung"[15]. Zu dieser Zeit hatten sich viele Entwicklungsländer bereits als „klassische" Reiseziele etabliert und die anfängliche Euphorie wurde von Ernüchterung abgelöst. In der „Ernüchterungsphase" wurden „die Negativwirkungen des Tourismus auf verschiedenen Ebenen [...] offensichtlich"[16]. Neben der Tatsache, dass die wirtschaftlichen Vorteile des Tourismus erstmals umfassend in Frage gestellt wurden, wurde die Diskussion zunehmend auch um sozio-kulturelle, politische, ökologische Aspekte erweitert. So zeigte sich am Beispiel Spaniens und Tunesiens, dass die dichte tourismusbedingte Bebauung das Landschaftsbild erheblich beeinträchtigte. Die Folge war, dass die Nachfrage sank und sich somit eine „mangelnde betriebliche oder gesamtwirtschaftliche Rentabilität"[17] einstellte. Auf der Seite der sozio-kulturellen Auswirkungen standen vor allem die Begegnungen zwischen Bereisten und Reisenden im Vordergrund, die in der ersten Phase noch positiv bewertet wurden, da ihnen ein „völkerverbindende[r] Charakter[...]"[18] zugeschrieben wurde. Nun wurde dieses jedoch in Frage gestellt und man glaubte immer mehr zu erkennen, dass die Begegnungen Vorurteile nicht abbauten, sondern noch verschärften. Auch gab es (und gibt es immer noch) Stimmen, welche die Auffassung vertraten (vertreten), dass die einheimische Bevölkerung durch den sog. „Demonstrationseffekt" (Vorleben von Verhaltensweisen und Konsumverhalten der Touristen aus den Industrienationen) der Gefahr der Akkulturation ausgesetzt ist. Dieses führt dann oft zu erhöhter Kriminalität, da die einheimische Bevölkerung sich am westlichen Lebensstil und Konsumverhalten orientieren möchte, finanziell dazu aber nicht in der Lage ist. Aus ökologischer Sicht gab es zunehmend Einschätzungen, welche die wirtschaftlichen „Überbewertungen" aus der ersten Phase relativierten. So wurden in einigen Ländern „Sickerraten in der Größenordnung von 80 bis 30 %" festgestellt und es wurde angemerkt, dass die „Investitionskosten zur Errichtung eines Arbeitsplatzes [...] teilweise höher als in anderen Wirtschaftszweigen" sind.[19] Hier gibt es allerdings auch gegenteilige Untersuchungsergebnisse, die verdeutlichen, dass Pauschalurteile problematisch sind. Vielmehr muss man bei der Diskussion über Vor- und Nachteile des Tourismus in Entwicklungsländern länderspezifische Analysen anstellen, bevor man zu einem Urteil darüber kommen kann, ob der Fremdenverkehr der Entwicklung des Landes positive oder negative Impulse gibt. Auf der Basis dieser Erkenntnis und durch eine „zunehmende Zahl

---

[15] Thießen (1993). S. 34.
[16] Vorlaufer (1996). S. 6.
[17] Thießen (1993). S. 35.
[18] Thießen (1993). S. 41.
[19] Thießen (1993). S. 38.

empirischer Studien [...] setzte sich ab etwa 1985 eine pragmatische Bewertung durch."[20] Die Diskussion wurde versachlicht und Argumente wurden aus fundierten Forschungsarbeiten gewonnen. Die Folge war eine differenzierte Betrachtungsweise des Tourismus in Entwicklungsländern, die Pauschalbewertungen wurden nun endgültig von der Einzelfallbetrachtung der Chancen und Risiken abgelöst. In der „Aktionsphase" haben viele Länder und Wissenschaftler das Ziel eine auf die Bedürfnisse und Potentiale des jeweiligen Landes zugeschnittene Tourismusstrategie zu entwickeln, bei der auch neue Tourismusarten (Abenteuer-, Trekking-, Ökotourismus etc.) berücksichtigt werden. Auch stehen seit geraumer Zeit die (negativen) ökologischen Auswirkungen immer mehr im Mittelpunkt der Diskussion. So wird u.a. auf die Auswirkungen des Flugverkehrs und auf die Zerstörung von Korallenriffen durch Tauchsport aufmerksam gemacht. Allerdings gibt es auch Stimmen die hervorheben, dass in bestimmten Entwicklungsländern gefährdete Gebiete unter Naturschutz gestellt werden, da die Regierungen durchaus das Bewusstsein haben, dass die „unberührte Natur" ein Reisemotiv für viele Touristen ist. Wenn diese Gebiete uninteressant werden, bleiben die Touristen fort. In diesen Fällen finanziert der Tourismus häufig den Naturschutz. Insgesamt kann die „Aktionsphase" dadurch gekennzeichnet werden, dass eine Minimierung der negativen Auswirkungen und eine Maximierung der positiven Effekte angestrebt wird. Abschließend soll noch einmal deutlich hervorgehoben werden, dass es „[h]eute [...] äußerst umstritten [ist], ob der Tourismus ein Segen oder ein Fluch für die [...] [Entwicklungsländer] darstellt"[21]. Die Meinungen hierüber sind sehr differenziert und letztlich ist eine allgemeingültige Bewertung unmöglich. Vielmehr muss im Einzelfall entschieden werden.

2.2 Fallbeispiel Ägypten

Ägypten, das „erste Land der Welt, das schon in der Antike aus touristischer Neugier besucht wurde"[22], wird von Engelhard eindeutig als Entwicklungsland gekennzeichnet.[23] Grund hierfür dürfte u.a. das niedrige Bruttosozialprodukt (je Einwohner) von 1530 US-Dollar sein (Stand 2001). Zum Vergleich: Das Bruttosozialprodukt in Deutschland betrug zum gleichen Zeitpunkt 23560 US-Dollar.[24] Ebenso sind das relativ hohe Bevölkerungswachstum von durchschnittlich 2,2 % (Zeitraum 1980 – 2001) und eine hohe Analphabetenrate, die bei den

---

[20] Vorlaufer (1996). S. 7.
[21] Thießen (1993). S. 51.
[22] Oberweger, H. G. (1989): Tourismus in Ägypten. In: Geographie heute 72, S. 20.
[23] Vgl.: Engelhard (2003). S. 2.
[24] v. Baretta, M. (Hrsg.) (2003): Der Fischer Weltalmanach 2004. Zahlen, Daten, Fakten. Frankfurt am Main. S. 79. (S. 215).

Männern 33 %, bei den Frauen sogar 55 % beträgt (Stand 2001), typische Merkmale von Entwicklungsländern.[25]

Im Zusammenhang dieser Arbeit soll am Beispiel Ägypten verdeutlicht werden, welchen Einfluss politische Konflikte auf den Tourismus haben. Besonders im 20. Jahrhundert war das Land am Nil immer wieder innen- oder außenpolitischen Konflikten ausgesetzt, welche den Fremdenverkehr in Ägypten beeinflussten.

Schon während des 19. Jahrhunderts lockte das Land „[m]it einer mehr als 5000 Jahre alten Hochkultur und dem exotischen Flair des Orients"[26] Teile der europäischen Oberschicht an. Zuvor suchten vor allem ausländische Wissenschaftler das Land der Pharaonen und Pyramiden auf um Untersuchungen (archäologische, geographische etc.) durchzuführen. Für die Entwicklung Ägyptens zur beliebtesten Destination für Europäer trug auch der Engländer Thomas Cook bei, der „1869 mit dem Chartern zweier Nildampfer die ersten organisierten Pauschalreisen nach Ägypten offerieren konnte"[27]. Da es in Ägypten erst seit der Gründung der Republik im Jahre 1952 eine offizielle Fremdenverkehrsstatistik gibt, sind Angaben über Touristenankünfte zurückliegender Jahre nur geschätzt. Für das Jahr 1875 wird von einer Besucherzahl von ca. 20000 ausländischen Gästen ausgegangen, die sich bis zu den Jahren vor dem ersten Weltkrieg sogar auf 50000 erhöht haben soll.[28] Während des Ersten Weltkrieges nahmen die Besucherzahlen deutlich ab, wobei „die Entdeckung des Grabes von Tut-ench-Amun" im Tal der Könige bei Luxor „den Besucherstrom" im Jahre 1922 nochmals „anschwellen" ließ.[29] Die anschließende Weltwirtschaftskrise sowie der Zweite Weltkrieg sorgten dafür, dass die Besucherzahlen ihren Tiefpunkt erreichten. Erst fünf Jahre nach Ende des Krieges erhielt Ägypten als Urlaubsdestination wieder internationalen Zuspruch. Hier waren es in erster Linie Engländer, Deutsche und Amerikaner, welche die Pyramiden von Gizeh nahe Kairo, das Tal der Könige bei Luxor und den Assuanstaudamm besuchten, wobei durch beschränkte Bettenkapazitäten die gesteigerte Nachfrage nicht vollends befriedigt werden konnte.[30] Im Jahre 1952, kurz vor dem erfolgreichen Militärputsch durch den Oberleutnant Gamal Abdel Nasser gegen das Regime von König Faruk, betrug die Zahl der eingereisten Ausländer ca. 75000. Aus Angst vor politischer Unstabilität blieben die

---

[25] V. Baretta (2003). S. 79.

[26] Meyer, G. (1996): Tourismus in Ägypten. Entwicklung und Perspektiven im Schatten der Nahostpolitik. In: Geographische Rundschau 48, H. 10, S. 582.

[27] Standl, H. (2003): Tourismus in Entwicklungsländern unter dem Einfluss politischer Konflikte. Das Beispiel Ägypten. In: Becker, C., H. Hopfinger u. A. Steinecke (Hrsg.) (2003): Geographie der Freizeit und des Tourismus. München u. Wien, 2003. S. 641.

[28] Vgl.: Ritter, W. (1977): Der Fremdenverkehr, In: Schamp, H. (Hrsg.) (1977): Ägypten. Das alte Kulturland am Nil auf dem Weg in die Zukunft. Tübingen u. Basel. S. 646.

[29] Vgl.: Meyer (1996). S. 582.

[30] Vgl.: Oberweger (1989). S. 20.

europäischen und nordamerikanischen Touristen dem Land in den folgenden zwei Jahren fern, so dass hauptsächlich Besucher aus anderen arabischen Ländern registriert werden konnten. „Das innen- und außenpolitische Geschick des neuen Staatspräsidenten Nasser verhalf ihm und seinem Land aber bald zu einem positiven Image"[31], welches dazu beitrug, dass ab 1955 auch Touristen aus westlichen Ländern Ägypten verstärkt aufsuchten. Bis 1956 erhöhte die Besucherzahl sich stetig, wobei die Suezkrise dem Aufwärtstrend schnell ein Ende setzte. Die Suezkrise wurde durch die Einstellung von Waffenlieferungen und finanzieller Unterstützung für den Bau des Staudammes von Assuan seitens der westlichen Mächte ausgelöst. Als Reaktion ließ Nasser „die internationale Kanalgesellschaft, die den Suezkanal verwaltete, verstaatlichen"[32], was zur Folge hatte, dass Frankreich, Großbritannien und Israel gemeinsam militärisch in Ägypten intervenierten. Letztlich wurde der Streit durch die UNO zu Gunsten Ägyptens entschieden. Für die Tourismusbranche war die Suezkrise nicht nur aufgrund des Einbruchs der Besucherzahlen von großer Bedeutung. Vielmehr wurden im Verlauf der Krise „eine Vielzahl von ausländischen Besitzungen enteignet und anschließend verstaatlicht, wozu auch viele Hotels zählten"[33]. Im Zuge dieser Maßnahmen verließen viele ausländische Unternehmer und Angestellte das Land, was zur Folge hatte, dass die Qualität der Hotelanlagen und des Services oft nicht mehr europäischen Ansprüchen genügte. Bis ca. 1963 kamen jährlich etwa 250000 Touristen nach Ägypten und bis 1967 erlebte das Land sogar einen ersten kleinen Boom (vgl. Abb. 2, nächste Seite). So verbrachten 1966 ca. 579000 Touristen ihren Urlaub in dem nordafrikanischen Staat.[34] Dieses war vor allem eine Folge des zunehmenden „motorisierten Massentourismus" an den nördlichen Mittelmeerküsten, der viele Reisende der „(neu-)reiche[n] Oberschicht" dazu bewegte nach „exklusiven und unverbrauchten Destinationen" zu suchen.[35] Der Besucherzustrom erfuhr im Jahre 1967 jedoch einen erneuten rapiden Abbruch durch den sog. „Sechs-Tage-Krieg", den Konflikt zwischen Israel und den arabischen Staaten. „Er endete mit einer katastrophalen militärischen Niederlage Ägyptens, hatte die Besetzung der Sinai-Halbinsel durch israelische Truppen sowie anhaltende Grenzgefechte am Suezkanal zur Folge und stürzte das Land in eine schwere wirtschaftliche Krise."[36] Somit blieben auch die Touristen dem Land fern. Die Besucherzahl halbierte sich im Vergleich zu 1966 nahezu und erfuhr erst ab 1970 (Ende der Gefechte am Suezkanal) wieder einen positiven Aufwärtstrend (vgl. Abb. 2).

---

[31] Standl (2003). S. 642.
[32] Standl (2003). S. 642.
[33] Standl (2003). S. 643.
[34] Vgl.: Oberweger (1989). S. 20.
[35] Vgl.: Standl (2003). S. 644.
[36] Meyer (1996). S. 582.

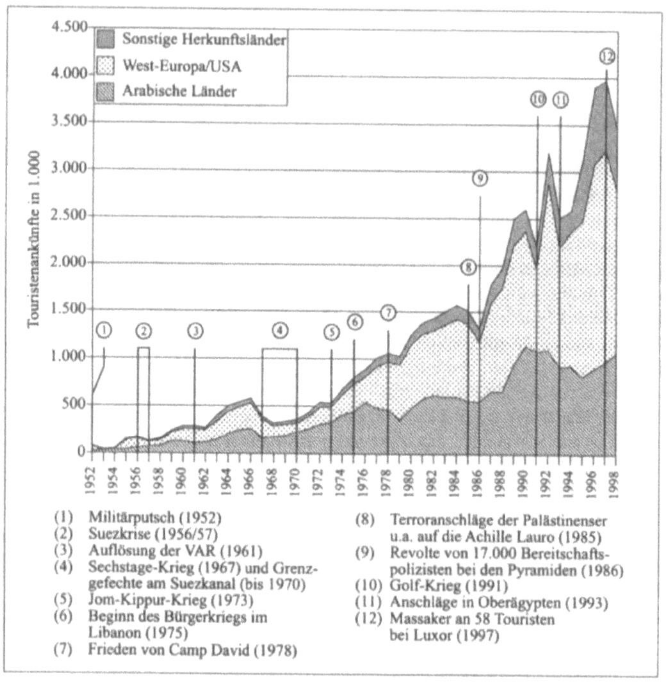

(1) Militärputsch (1952)
(2) Suezkrise (1956/57)
(3) Auflösung der VAR (1961)
(4) Sechstage-Krieg (1967) und Grenz-
     gefechte am Suezkanal (bis 1970)
(5) Jom-Kippur-Krieg (1973)
(6) Beginn des Bürgerkriegs im
     Libanon (1975)
(7) Frieden von Camp David (1978)

(8) Terroranschläge der Palästinenser
     u.a. auf die Achille Lauro (1985)
(9) Revolte von 17.000 Bereitschafts-
     polizisten bei den Pyramiden (1986)
(10) Golf-Krieg (1991)
(11) Anschläge in Oberägypten (1993)
(12) Massaker an 58 Touristen
      bei Luxor (1997)

Abb. 2: Entwicklung der jährlichen Touristenankünfte in
Ägypten (1952 – 1998) und bedeutende innen- und
außenpolitische Ereignisse
Quelle: Standl (2003). S. 643.

Der plötzliche Tod des Staatspräsidenten Nasser im Jahre 1970 und die Wahl des bisherigen Vizepräsident Mohammed Anwar as-Sadat zu seinem Nachfolger brachte eine Wende in der Außenpolitik mit sich. Sadat setzte, im Gegensatz zu Nasser, bewusst auf die Annäherung an den Westen. Dieses missfiel vielen Nachbarstaaten und die Zahl der arabischen Gäste war kurzzeitig rückläufig. Durch einen „Überraschungsangriff am Tage des höchsten jüdischen Festes Jom Kippur" konnte Sadat jedoch mit seiner Armee „die von Israel okkupierte Sinai-Halbinsel im Handstreich zurück [...] erobern" und somit „einen überwältigenden Prestigeerfolg" verbuchen, der Ägypten mit dem restlichen arabischen Lager wieder versöhnte.[37] Dieser Sieg im sog. „Jom-Kippur-Krieg" war die Initialzündung für den Massentourismus in Ägypten. Zuerst waren es die arabischen Gäste, deren Zahl im Jahr 1975 deutlich anstieg. In diesem Jahr begann der Bürgerkrieg im Libanon und die Araber

---

[37] Vgl.: Standl (2003). S. 645.

benötigten nun eine Alternative zum sommerfrischen Beirut. Diese fanden sie dann vor allem in der Metropole Kairo, seit jeher geistiges und gesellschaftliches Zentrum der arabischen Welt, und in der Hafenstadt Alexandria. Neben dem traditionellen Kulturtourismus versuchte die ägyptische Regierung nun verstärkt auch den Badetourismus am Roten Meer zu etablieren. „Mit der Eröffnung eines Feriendorfs bei Hurghada wurde 1977 der [...] Anlauf zur touristischen Erschließung der Küstenregion gewagt, der in den 80er Jahren in einen beispiellosen Bauboom von neuen Fremdenverkehrseinrichtungen mündete."[38] Aufgrund des Friedensabkommens von Camp David im Jahre 1978, dass zwischen Sadat und dem israelischen Ministerpräsidenten Begin geschlossen wurde, wurde Ägypten von seinen Nachbarstaaten „zum Verräter gestempelt, das mit Israel und den USA gemeinsame Sache macht"[39]. Viele Nachbarländer schlossen gar die Grenzen zu Ägypten, dass nun isoliert im arabischen Lager war. Die Auswirkungen bekam auch der Tourismussektor zu spüren. Waren 1976 noch ca. 50000 arabische Gäste gezählt worden, so sank die Zahl bis zum Jahr 1979 auf etwa 350000 ab und stagnierte dann nach einem kleinen Aufwärtstrend bis 1987 bei ca. 500000 (vgl. Abb. 2). Bei den Touristen aus den westlichen Ländern verhielt sich die Entwicklung seit der politischen Kursänderung durch Sadat anders. Ägypten etablierte sich bei den europäischen und nordamerikanischen Gästen unter den beliebtesten Reiseländern. Ausschlaggebend war auch die positive Einstellung Sadats zum internationalen Tourismus. So „wurden ab 1973 sehr wirtschaftsliberale Gesetze erlassen, die darauf abzielten, ausländische Investitionen in das Land zu locken"[40], welche die touristische Dienstleistungs- und Infrastruktur verbessern sollten. In der Folge entstanden zahlreiche Luxushotels von internationalen Hotelkonzernen. So setzte 1974 ein „konstant anhaltender Ägypten-Reiseboom ein"[41], der teilweise jährliche Zuwachsraten von 10 % und mehr verzeichnen konnte (vgl. Abb. 2). Im Jahre 1977 besuchten erstmals über 1 Mio. Touristen das Land. An der dynamischen Entwicklung des Fremdenverkehrs änderte auch die von radikalen Islamisten durchgeführte Ermordung Sadats im Jahre 1981 nichts. Sein Nachfolger Hosni Mubarak setzte die Politik Sadats uneingeschränkt fort. Bis zum Jahr 1984 stieg die Zahl der eingereisten Ausländer auf über 1,5 Mio. an. Erst der 1984 im benachbarten Palästina ausgebrochene bewaffnete Konflikt mit der Besatzungsmacht Israel, der bis heute andauert, vermochte mit seinen unmittelbaren Folgen kurzfristig negative Auswirkungen auf die Besucherankünfte in Ägypten ausstrahlen. „Nachdem die Palästinenser zuvor mit gezielten

---

[38] Meyer (1996). S. 584.
[39] Standl (2003). S. 645.
[40] Standl (2003). S. 646.
[41] Oberweger (1989). S. 20.

Terroranschlägen auf Israelis vergeblich versucht hatten, ihre politische Autonomie zu erreichen, änderten sie Mitte der 80-er Jahre ihre Strategie, indem sie versuchten, auch die USA und Europa als die vermeintlichen politischen Freunde Israels (einschließlich das auf friedliche Koexistenz mit Israel bedachte Ägypten) mit bewaffneten Terroraktionen zu treffen."[42] Somit kam es in den Jahren 1985 und 1986 zu mehreren terroristischen Anschlägen, bei denen in Ägypten auch ausländische Urlauber getötet wurden. Insgesamt lässt sich aber nur für das Jahr 1986 ein Rückgang der Touristenzahlen feststellen. Für den Rest der 80-er Jahre erlebte die Tourismuswirtschaft in Ägypten einen Boom von bisher nicht gekanntem Ausmaß. Bis 1990 stiegen die Besucherzahlen auf über 2,5 Mio. an (vgl. Abb. 2), wobei vor allem Nilkreuzfahrten und auch immer stärker der „Bade-, Tauch- und Strandtourismus am Roten Meer"[43] im Mittelpunkt des Interesses standen. Bis heute lässt sich in Ägypten eine „räumliche Segregation der beiden größten Nachfragegruppen"[44] erkennen. Während die arabischen Gäste den Kulturtourismus größtenteils meiden und in erster Linie Kairo und Alexandria besuchen, verbinden die Touristen aus den westlichen Ländern meistens mehrere Tourismusarten miteinander. Eine Nilkreuzfahrt oder ein Badeurlaub am Roten Meer wird mit der Besichtigung der wichtigsten kulturhistorischen Attraktionen kombiniert.

Einen erneuten Rückschlag erhielt die Tourismusindustrie durch den Golfkrieg im Jahre 1991. Ägypten hatte sich gegen Saddam Hussein gestellt und die „kurzen, aber sehr heftigen Kriegshandlungen am Golf [...] brachten für die Tourismussaison [...] einen deutlichen Einbruch des Fremdenverkehrsaufkommens mit sich"[45] (vgl. Abb. 2). Doch schon kurz nach Beendigung der Kampfhandlungen nahmen die Buchungen plötzlich wieder enorm zu. So konnten für das Jahr 1992 ca. 3,2 Mio. Ankünfte registriert werden.[46] Der höchste Wert in der Geschichte des ägyptischen Fremdenverkehrs bis zu diesem Zeitpunkt. Doch auch dieser Aufwärtstrend wurde nur gut ein Jahr später wieder unterbrochen. Seit der Ermordung des damaligen Präsidenten Sadat im Jahre 1981 war das Land zunehmend der Bedrohung durch radikale islamistische Extremisten ausgesetzt. Zwar ging die Regierung hart gegen Terroristen vor, doch konnten 1993 zahlreiche Anschläge in Oberägypten nicht verhindert werden, bei denen auch ausländische Touristen starben. Als Ergebnis „[j]ahrzehntealte[r] Spannungen" richteten sich die „Aktionen nicht länger ausschließlich gegen Vertreter und Einrichtungen

[42] Standl (2003). S: 646.
[43] Steiner, Christian (o. J.): Tourismus in Ägypten. Entwicklungsperspektiven zwischen Globalisierung und politischem Risiko. Online unter: http://www.geo.uni-mainz.de/carew/en/5_05_steiner.pdf
[44] Standl (2003). S. 647.
[45] Standl (2003). S. 648.
[46] Vgl.: Pfaffenbach, C. (2001): Neuere Trends der Tourismusentwicklung in Nordafrika. In: Geographische Rundschau 53, H. 6, S. 51.

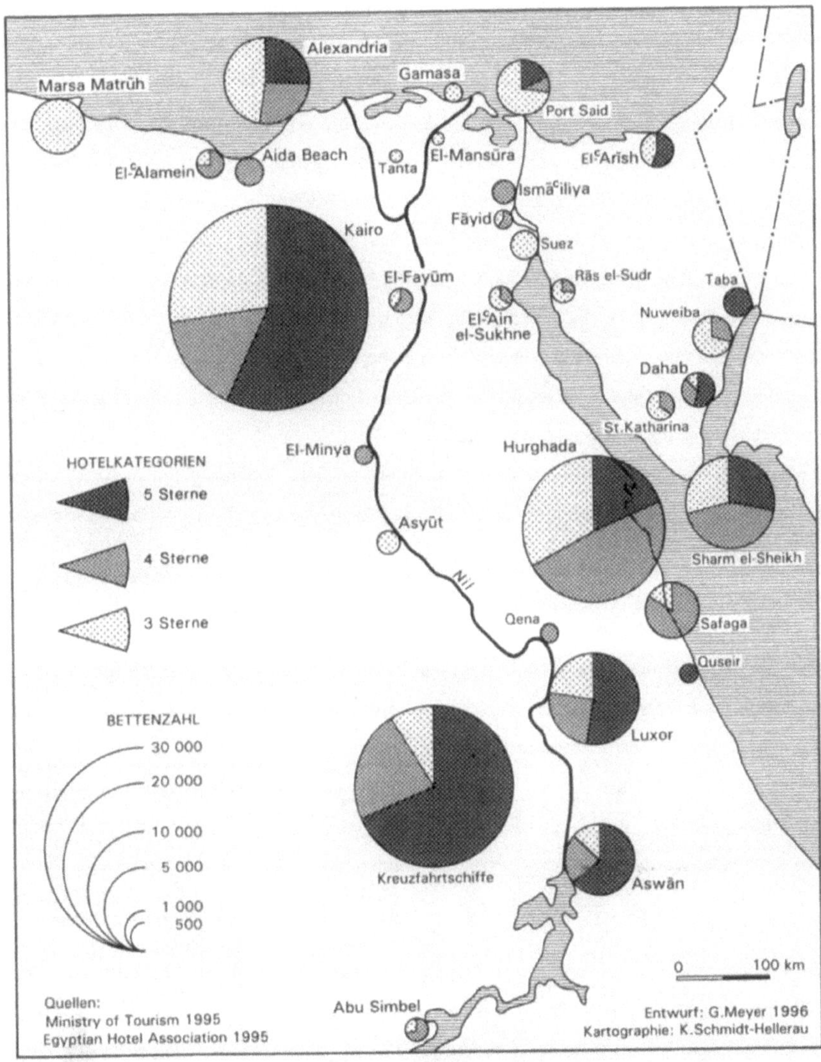

Abb. 3: Beherbergungskapazität der Touristenhotels
in Ägypten 1995
Quelle: Meyer (1996). S. 586.

des Regimes [...] sondern gezielt [gegen] ausländische Touristen [...] und ausländische Firmen.[47] Somit viel die Besucherzahl in den Jahren 1993 und 1994 um über 20 % zurück (vgl. Abb. 2). Da der „Tourismus zu Beginn der 90er Jahre rund ein Drittel der staatlichen Deviseneinnahmen (1991/92 rd. 3 Mrd. US-Dollar)"[48] erbrachte, war der wirtschaftliche Schaden enorm. Obwohl es auch in den folgenden Jahren immer wieder Anschläge in Ägypten gab, bei denen jedoch vornehmlich Israelis betroffen waren, erholte sich der Fremdenverkehrssektor sehr schnell von den Rückschlägen. So kam es bis 1997 zu einem erneuten Reiseboom ins Land der Pharaonen mit 3,8 Mio. Einreisen im Jahr 1996. Es wurden zu dieser Zeit auch zahlreiche neue Hotelanlagen gebaut, die vornehmlich die Bettenkapazität am Roten Meer und entlang des Nils erweitern sollten.

Der „Boom" erhielt jedoch bereits 1997 ein jähes Ende als bei einem Anschlag „vor dem berühmten Hatschepsut-Tempel von Theben 58 Touristen und vier Ägypter"[49] erschossen wurden. Die Aufnahmen, die ein Tourist zufällig von dem Attentat gemacht hatte, gingen über sämtliche Fernsehsender um die Welt. Trotzdem nahmen die Buchungen bereits im Herbst 1998 wieder zu. In der Saison 98/99 bereisten 4,3 Mio. Touristen das Land.[50] In den beiden darauffolgenden Jahren wurde sogar die 5 Millionen-Marke überschritten (5,3 Mio. Touristenankünfte). Vor dem Hintergrund des Terroranschlags vom 11. September 2001 in den USA nahmen die Reisen nach Ägypten im Jahr 2002 erneut drastisch ab (4,3 Mio. Ankünfte). Zwar versuchten 2003 erneut 5,3 Mio. Menschen durch ihre Reise nach Ägypten dem internationalen Terrorismus zu strotzen, im Zusammenhang der neuesten Anschläge vom August 2005 in Scharm el Sheik, bei denen 65 Menschen ums Leben kamen, muss jedoch abgewartet werden, inwieweit die Urlaubsdestination Ägypten eventuell mit länger anhaltenden Rückgängen der Besucherzahlen rechnen muss.

2.3 Fallbeispiel Thailand

Die Zuordnung Thailands zu den Entwicklungsländern ist nicht so eindeutig wie beim Fallbeispiel Ägypten. Das Königreich hat zwar auch ein relativ niedriges Bruttosozialprodukt von 1940 US-Dollar pro Einwohner (Stand 2001) und ein jährliches Bevölkerungswachstum (im Durchschnitt der Jahre 1980 bis 2001) von 1,3 % zu verzeichnen, kann aber auf anderen Gebieten durchaus Werte vorweisen, die auf einen höheren Entwicklungsstand schließen

---

[47] Krämer, G. (1994): Die fundamentalistische Bedrohung Ägyptens. In: Betz, J. u. St. Brüne (Hrsg.) (1994): Jahrbuch Dritte Welt. Daten, Übersichten, Analysen. München. S. 167.
[48] Krämer (1994). S. 167.
[49] Standl (2003). S: 650.
[50] Vgl. für alle Daten über Touristenankünfte nach 1998: Steiner (o. J.).

lassen.[51] So betrug beispielsweise die Analphabetenrate 2001 bei der männlichen Bevölkerung „nur" 3%, bei der weiblichen 5%.[52] In der Regel wird Thailand als „Schwellenland" betrachtet, welches auf dem Sprung ist an die gesellschaftlichen und ökonomischen Entwicklungsstandards der Industrienationen anzuschließen. Eine sehr wichtige Rolle spielt in diesem Zusammenhang der Tourismus.

Thailands Tourismusbranche erlebte insbesondere seit den 60-er Jahren einen stetig ansteigenden „Boom". „Wegen seiner einzigartigen Landschaft und Gastfreundschaft, der hochwertigen Hotellerie, aber nicht zuletzt auch durch die politischen und gesellschaftlichen Probleme seiner Nachbarstaaten und Konkurrenten im internationalen Fremdenverkehr verzeichnet die Entwicklung des Tourismus in Thailand seit Mitte der 80-erJahre [sogar] ein im Durchschnitt zweistelliges Wachstum."[53] Zwar gab es auch hier - ähnlich wie in Ägypten - Einbrüche durch äußere Einflüsse wie z.B. die Öl- und Wirtschaftskrisen von 1976 und 1982, den Golfkrieg von 1991, die südostasiatische Wirtschaftskrise von 1997, die Auswirkungen der Terrorangriffe vom 11. September 2001 in den USA und zuletzt die Tsunami-Katastrophe Weihnachten 2004, trotzdem konnten die Gästeankünfte von 1859000 im Jahr 1980, über 5299000 im Jahre 1990[54] auf fast 10 Mio. im Jahre 2000 gesteigert werden (vgl. Abb. 4).

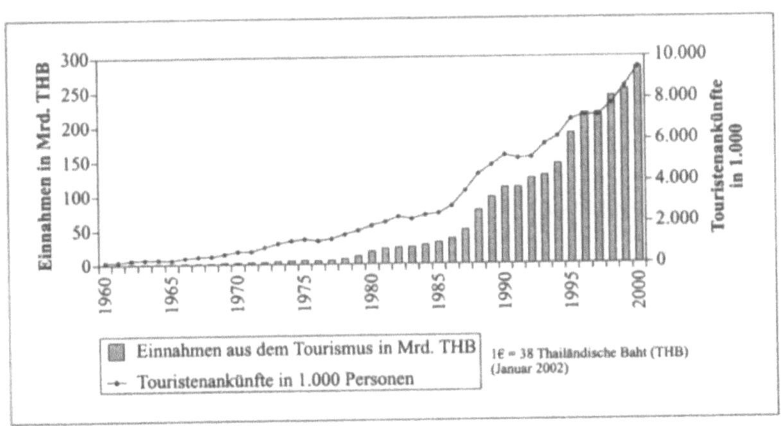

Abb. 4: Touristenankünfte und Einnahmen aus dem Tourismus (1960 – 2000)
Quelle: Libutzki (2003). S. 679.

---

[51] Vgl.: v. Baretta (2003). S. 817.
[52] v. Baretta (2003). S,817.
[53] Libutzki, O. (2003): Strukturen und Probleme des Tourismus in Thailand. In: Becker, C., H. Hopfinger u. A. Steinecke (Hrsg.) (2003): Geographie der Freizeit und des Tourismus. München u. Wien, 2003. S. 679.
[54] Vgl.: Uthoff, D. (1996): Tourismus in Südostasien. Klischees und Realitäten. Ein Versuch zur Korrektur eurozentrischer Vorstellungen. In: Meyer, G. u. A. Thimm (Hrsg.) (1996): Tourismus in der Dritten Welt. Mainz (= Interdisziplinärer Arbeitskreis Dritte Welt, Bd. 10). S. 79.

In einem Zeitraum von 20 Jahren hat sich die Besucherzahl in Thailand mehr als verfünffacht. Dieser Anstieg der Touristenankünfte wirkte sich natürlich auch in ökonomischer Sicht enorm aus. Betrugen die Deviseneinnahmen aus dem internationalen Tourismus 1975 noch ca. 50 Mrd. Thailändische Baht (ca. 1,3 Mrd. Euro), so konnten im Jahre 2000 ca. 285 Mrd. Thailändische Baht (ca. 7,5 Mrd. Euro) erwirtschaftet werden (vgl. Abb. 4). Berücksichtigt man nun noch den Binnentourismus, kann man sich der These Reubers anschließen, dass „der Tourismus [in Thailand] [...] zu einem der wichtigsten Wirtschaftszweige geworden"[55] ist. Der Binnentourismus ist laut Uthoff „[i]n Südostasien [...] zahlenmäßig und auch nach dem Primärumsatz bedeutender als der internationale Tourismus"[56]. Dies Aussage trifft sicherlich für die 70-er und frühen 80-er Jahre auch auf Thailand zu, doch spätestens seit der gezielten touristischen Erschließung für internationale Touristen Mitte der 80-er haben die ausländischen Touristen „[d]ie größte Bedeutung für den Zufluss von Devisen"[57]. Schaut man sich die Zusammensetzung der ausländischen Touristen in Thailand für das Jahr 2002 an, so fällt auf, dass nahezu zwei Drittel der Urlauber aus Asien kommt (vgl. Abb. 5).

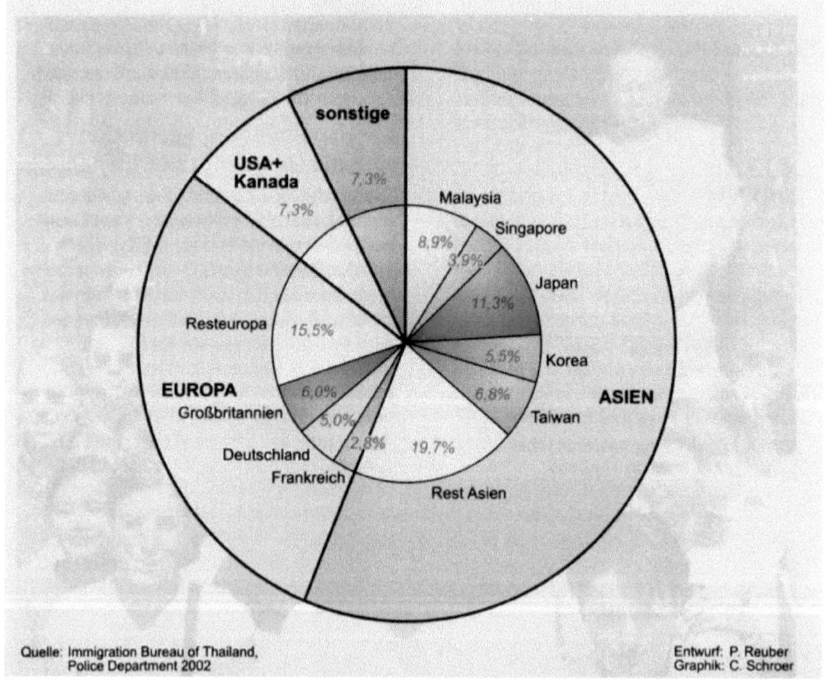

---

[55] Reuber, P. (2003): Probleme des Tourismus in Thailand. In: Geographische Rundschau 55, H. 3, S. 14.
[56] Uthoff (1996). S. 84.
[57] Reuber (2003). S. 14.

Allerdings besteht „[i]mmerhin noch ein Viertel aller Thailandreisenden [...] aus Europäern –
bei einer Flugstreckenentfernung von 11 – 14 Stunden eine erstaunlich große Zahl"[58].

Als Tourismusformen sind in Thailand besonders der Bade- und Strandurlaub
(Pauschaltourismus) als auch der Rucksacktourismus (Individualtourismus) stark vertreten.
Durch das Nebeneinander dieser beiden Formen und das vereinzelte Auftreten weiterer
Tourismusformen kann in Thailand eine deutliche Unterscheidung in der touristischen
Nutzung und Erschließung einzelner Regionen vorgenommen werden. So sah die
thailändische Regierung auch von Anfang an „im Tourismus ein wirkungsvolles Instrument
zur Milderung [der] bedrückenden disparitären Raumstrukturen" und förderte somit in erster
Linie auch Tourismusarten, die „auf Grund spezifischer Standortansprüche zur Peripherie"
tendieren.[59] Ziel war die Hauptstadt Bangkok zu entlasten, auf die sich bis Mitte der 70-er
Jahre nahezu alle Buchungen internationaler Touristen konzentrierten. Allerdings stellt der
Staat zur „touristischen Erschließung peripherer Regionen in Thailand nur [...] die
wesentlichen Investitionen zur verkehrsmäßigen Erschließung der Peripherräume" und bietet
„privaten Investoren Steuer- und Zollvergünstigungen".[60] Man erhofft sich von der
Einbindung peripher gelegener Regionen sowohl einen Disparitätenabbau in Bezug auf die
Verteilung der Stadt- und Landbevölkerung als auch die Optimierung des
Wirtschaftswachstums. So wird davon ausgegangen, dass sich die Regionalwirtschaft „[b]ei
Vorhandensein entsprechender Ressourcen [...] auf die touristische Nachfrage einstellen"[61]
kann. Insgesamt muss man resümieren, dass „der Tourismus die seit langem bestehenden
Disparitäten [in Thailand bis jetzt] nicht entscheidend abbauen"[62] konnte, dennoch aber einen
Beitrag dazu leistet, dass sich die Disparitäten zugunsten Bangkoks nicht weiter verschärfen.

Im Folgenden soll das touristische Angebot in den verschiedenen Regionen näher untersucht
und Potentiale und Risiken des Tourismus in Thailand jeweils regionsspezifisch aufgezeigt
werden. Nach Libutzki lässt sich unter Zuhilfenahme der naturräumlichen Gliederung das
touristische Angebot Thailands auf sechs Großräume verteilen (vgl. Abb. 6, nächste Seite).

„Das touristische Angebot der landwirtschaftlich geprägten Zentralregion konzentriert sich
auf die Hauptstadt Bangkok und das in Form von Tagesausflügen zu erreichende Umland

---

[58] Reuber (2003). S. 14.
[59] Vorlaufer, K. (2001): Tourismus. Ein Instrument zum Abbau regionaler Disparitäten in Entwicklungsländern.
In: Geographie und Schule 133, H. 10, S. 11.
[60] Vgl.: Vorlaufer (2001). S. 16.
[61] Vorlaufer (2003). S. 9
[62] Vorlaufer (2001). S. 17.

[...]."[63] Die herausragende Stellung Bangkoks wird dadurch unterstrichen, dass der Flughafen der Stadt als asiatisches Drehkreuz im internationalen Flugverkehr gilt. Viele der Touristen, die eine Reise in entlegene asiatische Länder machen, landen in der thailändischen Metropole zwischen und verbringen auch nicht selten ein paar Tage dort. Ebenso weist „Großbangkok (Metropolitan Region) mit 10,1 Mio. Einwohnern [...] etwa die rd. 20-fache Einwohnerzahl und eine noch höhere Wirtschaftsleistung als die nachfolgend größte Stadt, als Nakon Radchasima auf"[64]. Zudem ist Bangkok das wirtschaftliche, religiöse, kulturelle, politische und als Königssitz auch das gesellschaftliche Zentrum des Landes. Die Folge dieser überragenden Bedeutung ist eine Abwertung der peripher gelegenen Regionen (vgl. oben).

---

[63] Libutzki (2003). S. 680.
[64] Vorlaufer (2001). S. 16.

Abb. 6: Großräume Thailands

Quelle: Libutzki (2003). S. 682.

Der Westen Thailands ist durch „das dschungelbewachsene Bergland der Provinz Kanchanaburi und die 200 km weiter südlich gelegenen Badeorte Hua Hin und Cha Am"[65] aus touristischer Perspektive reizvoll. Durch eine Romanverfilmung einer breiten Masse an Europäern und Amerikanern bekannt geworden, unternehmen sehr viele Thailandurlauber Tagesausflüge von Bangkok oder Hua Hin in das Bergland, in dem auch der „River Kwai" mit der dazugehörigen Brücke zu finden ist. Zunehmend werden den Touristen in diesem Gebiet auch mehrtägige abenteuer- und erlebnisorientierte Angebote (z.B. Flos-, Trekking- und Kanutouren) unterbreitet. Hua Hin und Cha Am sind besonders für den Binnentourismus (Nähe zu Bangkok) bedeutende Badeorte. In jüngster Zeit wird versucht die Badeorte auch für internationale Touristen interessanter zu machen, indem „die Realisierung von Golfprojekten, die neben dem Bau des Golfplatzes selbst auch die Errichtung von Luxushotelkomplexen sowie Erholungs- und Unterhaltungseinrichtungen beinhaltet, stark vorangetrieben"[66] werden. Dieses Unternehmen ist zwar aus ökonomischer Sicht durchaus erfolgreich, da die Deviseneinnahmen gestiegen sind, jedoch ist der Golftourismus aus sozialer und ökologischer Perspektive äußerst bedenklich. Für die Golfplätze werden große Areale benötigt, für welche die einheimische Bevölkerung nicht selten ihr Land aufgeben muss. Ebenso kritisch muss der enorme Wasserverbrauch durch den Golftourismus gesehen werden. In einigen Fällen konnte sogar festgestellt werden, dass durch den Einsatz von Chemikalien bei der Pflanzenschutz- und Schädlingsbekämpfung die Böden und das Grundwasser verschmutzt wurden, was sich auf die Gesundheit v.a. der einheimischen Bevölkerung auswirken kann. Auch wenn der „Golftourismus seitens der Befürworter gerne als Ökotourismus eingestuft wird"[67], so dürfte deutlich geworden sein, welche negativen Auswirkungen er mit sich bringen kann.

„Die Bergregionen des Nordens besitzen zusammen mit dem Süden das größte touristische Potenzial Thailands."[68] Hier müssen mehrtägige, geführte Rundreisen durch die waldreichen Gebirgslandschaften als die wichtigste Reiseart des Pauschaltourismus angesehen werden. Aber auch bei Individualtouristen erfreut sich die Region größter Beliebtheit. Neben der Besichtigung der Kulturdenkmäler der ehemaligen Königsstädte Chiang Mai und Chiang Rai unternehmen sie oft Trekking-, Rafting- oder Mountainbiketouren. Von Chiang Mai aus wurden Anfang der 90-er Jahre „vor allem die vorher extrem marginalisierten, weithin kaum

---

[65] Libutzki (2003). S. 681.
[66] Ahrer, A. (2004): Golftourismus in Südostasien. In: Praxis Geographie 12/2004. S. 40.
[67] Ahrer (2004). S. 40.
[68] Libutzki (2003). S. 681.

in den Staat integrierten, durch den Opiumanbau geprägten Bergländer und Grenzräume zu Myanmar und Laos mit den hier lebenden, für Touristen attraktiven "exotischen" Hill Tribes [...] in den Tourismus eingebunden"[69]. Neben einer zunehmenden Umweltverschmutzung durch die Touristen gelten die deutlichen Akkulturationserscheinungen als negative Begleiterscheinungen des Fremdenverkehrs.

Der Südosten des Landes kann mit seinem naturräumlichen Potenzial viele Touristen anlocken. So findet man als Urlauber dort „langgezogene Buchten mit mittelmeerähnlichen Sandstränden"[70]. Die Badeorte Pattaya und Jomtien, im Zentrum der Region gelegen, sind zwei der wichtigsten Ziele für Pauschaltouristen. Von Rucksacktouristen werden sie jedoch aufgrund des Massentourismus gemieden. Ein weiterer Grund ist, dass Pattaya das Image hat, Zentrum des internationalen Sextourismus zu sein. Für die Stadtbevölkerung Bangkok ist Pattaya seit jeher die wichtigste Stranddestination. Insgesamt hat der Südosten stark gestiegene Deviseneinnahmen und einen positiven Beschäftigungseffekt zu verzeichnen, als Problem muss jedoch die zunehmende Verbauung der Strände und eine gesteigerte Umweltverschmutzung angesehen werden.

„Der Süden des Landes, die malaiische Halbinsel und die sie umgebenden Inseln, bilden das herausregende Zentrum des internationalen Tourismus in Thailand."[71] Die Westküste Südthailands besticht durch tropische Strände und Karsterscheinungen. Die Insel Phuket, die Strände der Provinz Krabi und die kleinen vorgelagerten Inseln (z.B. Phi Phi Island) gehören spätestens seit dem Aufkommen des Massentourismus Anfang der 80-er Jahre zu den beliebtesten Destinationen von internationalen Touristen. Neben dem Badetourismus sind es hauptsächlich erlebnis- und abenteuerorientierte Urlaubsgäste, die auf der Insel Phuket zu finden sind. Die Provinz Krabi mit der Insel Koh Phi Phi gilt „seit Mitte der 1980er-Jahre als Traumziel für Rucksackreisende", wobei die Insel „angesichts der rasanten touristischen Entwicklung und der damit verbundenen Probleme mit der Müll- und Wasserentsorgung [...] heute als das eindruckvollste Beispiel für die massentouristische Naturzerstörung bezeichnet werden" kann. Durch die Tsunami-Katastrophe Weihnachten 2004, welche die Westküste Südthailands enorm traf, wurde ein Großteil der touristischen Infrastruktur zerstört. Der Staat arbeitet jedoch mit enormem Aufwand an dem Wiederaufbau. Die Ostküste Südthailands weist nur zwei Inseln auf, die bisher vollständig für den internationalen Pauschal- und Individualtourismus erschlossen wurden: Koh Samui und Koh Phangan. „Während Koh Phangan mit eher einfachen Beherbergungsbetrieben vornehmlich von Rucksacktouristen

---

[69] Vorlaufer (2001). S. 16 f..
[70] Libutzki (2003). S. 683.
[71] Libutzki (2003). S. 683.

besucht wird, besitzt Koh Samui an den Hauptstränden [...] eine Vielzahl internationaler Hotelanlagen der Mittel- bis Luxusklasse."[72] Das touristische Angebot spricht vornehmlich Bade- und Wassersporturlauber an. Neben den Problemen mit der Müll- und Wasserentsorgung treten im Süden Thailand besonders Akkulturationerscheinungen zu Tage. So geben viele Fischer ihren traditionellen Beruf auf um durch den Verkauf von Souvenirs mehr Geld zu verdienen. Hier besteht jedoch aufgrund des riesigen Angebots enorme Konkurrenz. Außerdem kaufen viele Touristen die Souvenirs nicht direkt am Urlaubsort sondern erst kurz vor dem Rückflug am Flughafen. Für das Müllproblem sehen viele Autoren die Lösung im Tourismus selber. Der Müll wird zwar größtenteils durch die Touristen produziert, da aber die Thai-Bevölkerung in der Regel ein relativ geringes Umweltbewusstsein besitzt, können ausländische Touristen mit ihrem „Entsorgungsverhalten" (z.B. Mülltrennung) „relativ häufig Vorbilder problemadäquaten Umweltbewusstseins und -verhaltens"[73] sein.

Der Nordosten Thailands ist durch eine klimatische Ungunst touristisch unterentwickelt. Daher sind die verkehrstechnische Ausstattung und die Kapazitäten der Beherbergungsbetriebe sehr begrenzt. Es ist jedoch ein interessantes Kulturpotential vorhanden, welches binnentouristisch genutzt wird.

3.Ausblick

Insgesamt dürfte deutlich geworden sein, dass der Tourismus sowohl für Ägypten als auch für Thailand eine enorme wirtschaftliche Bedeutung hat. Ebenfalls sind die meisten der unter 2.2 und 2.3 geschilderten Probleme (bzw. der negativen Auswirkungen des Tourismus) nicht ägyptenspezifisch oder thailandspezifisch, „sondern finden sich - in unterschiedlicher Schärfe, Kombination und Ausprägung – in vielen anderen Tourismusdestinationen"[74].

Die Tourismusbranche in Ägypten ist sehr abhängig von innen- und außenpolitischen Entwicklungen. Es ist jedoch noch einmal deutlich herauszustellen, dass sich auf einen Rückgang der Touristenankünfte durch innen- oder außenpolitische Krisen im Verlauf der Geschichte bisher immer ein „Nachfrageboom" eingestellt hat. Wenn man bedenkt, dass im Wirtschaftsjahr 2000/2001[...] fast 20 % der Deviseneinnahmen des Landes aus dem Tourismus [stammten], der nach Schätzungen in diesem Zeitraum für fast 21 % des

---

[72] Libutzki (2003). S. 684.
[73] Vorlaufer, K. u. H. Becker-Baumann (2003): Massentourismus und Umweltbelastung in Entwicklungsländern. Umweltbewertung und –verhalten der Thai-Bevölkerung in Tourismuszentren Südthailands. In: Becker, C., H. Hopfinger u. A. Steinecke (Hrsg.) (2003): Geographie der Freizeit und des Tourismus. München u. Wien, 2003. S. 879.
[74] Reuber (2003). S. 19.

ägyptischen Bruttoinlandsproduktes verantwortlich"[75] war, kann die enorme Bedeutung des Fremdenverkehrs für Ägypten kaum unterschätzt werden. Mit dieser Erkenntnis kann man nur hoffen, dass das Land nicht noch häufiger Ziel von Terroristen wird.

Auch in Thailand kommt dem Tourismus ein enormer Stellenwert zu. Neben den regionsspezifischen Problemen, die - wie bereits erwähnt - z.T. jedoch auch als entwicklungsländerspezifisch angesehen werden können, sind es vor allem erhöhte Sickerraten, die aus der Abwertung der thailändischen Währung im Zuge der südostasiatischen Wirtschaftskrise (1997 bis 1999) resultieren, welche die Einnahmen aus dem Tourismus in den letzten Jahren schmälern. Eine Bedrohung für eine „nachhaltige", im Einklang mit ökologischen und sozio-kulturellen Aspekten stehende Entwicklung des Tourismus ist die in Thailand allgegenwärtige Korruption. Besonders in den peripher gelegenen Regionen verhindert die Korruption oft die Durchführung von Kontrollen und Strafmaßnahmen in allen administrativen Bereichen. Nach der Flutwelle Ende 2004 ist es für Thailand von größter Priorität, dass die Infrastruktur in den zerstörten Ferienorten in Südwestthailand schnellstmöglich wieder hergestellt wird. Auch wenn sich viele Touristen auch kurz nach der Katastrophe von einem Urlaub in der betroffenen Region nicht abhalten haben lassen, so bleibt abzuwarten, ob Thailand in Zukunft wieder an die Touristenzahlen vor dem Tsunami anknüpfen kann. Umweltkatastrophen lassen sich ebenso wenig vorhersagen wie Terrorangriffe.

Ob der Tourismus in diesen Ländern als „Allheilmittel" oder als „Lückenbüßer" angesehen werden kann, ist nicht zu entscheiden. Vielmehr muss man von den beiden „extremen Polen" abweichen und sich vor Augen halten, dass der Fremdenverkehr durchaus für positive Effekte sorgen, als alleiniger Faktor ein Land aber nicht aus der „Unterentwicklung" führen kann.

---

[75] Steiner (o. J.)

4. Literaturverzeichnis

Ahrer, A. (2004): Golftourismus in Südostasien. In: Praxis Geographie 12/2004. S. 40 - 43.

Engelhard, K. (2003): Entwicklungsländer. Von der Entwicklungshilfe zur Entwicklungszusammenarbeit – ein didaktischer Perspektivenwechsel. In: Geographie heute 215, S. 2 - 7.

Job, H. u. S. Weizenegger (2003): Tourismus in Entwicklungsländern. In: Becker, C., H. Hopfinger u. A. Steinecke (Hrsg.) (2003): Geographie der Freizeit und des Tourismus. München u. Wien, 2003. S. 629 - 639.

Krämer, G. (1994): Die fundamentalistische Bedrohung Ägyptens. In: Betz, J. u. St. Brüne (Hrsg.) (1994): Jahrbuch Dritte Welt. Daten, Übersichten, Analysen. München. S. 167 - 182.

Libutzki, O. (2003): Strukturen und Probleme des Tourismus in Thailand. In: Becker, C., H. Hopfinger u. A. Steinecke (Hrsg.) (2003): Geographie der Freizeit und des Tourismus. München u. Wien, 2003. S. 679 - 690.

Meyer, G. (1996): Tourismus in Ägypten. Entwicklung und Perspektiven im Schatten der Nahostpolitik. In: Geographische Rundschau 48, H. 10, S. 582 - 588.

Oberweger, H. G. (1989): Tourismus in Ägypten. In: Geographie heute 72, S. 20 - 23.

Pfaffenbach, C. (2001): Neuere Trends der Tourismusentwicklung in Nordafrika. In: Geographische Rundschau 53, H. 6, S. 50 - 55.

Reuber, P. (2003): Probleme des Tourismus in Thailand. In: Geographische Rundschau 55, H. 3, S. 14 - 19.

Ritter, W. (1977): Der Fremdenverkehr, In: Schamp, H. (Hrsg.) (1977): Ägypten. Das alte Kulturland am Nil auf dem Weg in die Zukunft. Tübingen u. Basel. S. 646 - 653.

Standl, H. (2003): Tourismus in Entwicklungsländern unter dem Einfluss politischer Konflikte. Das Beispiel Ägypten. In: Becker, C., H. Hopfinger u. A. Steinecke (Hrsg.) (2003): Geographie der Freizeit und des Tourismus. München u. Wien, 2003. S. 641 - 651.

Thießen, B. (1993) : Tourismus in der Dritten Welt. Trier (= Trierer Tourismus Bibliographien, Bd. 3).

Uthoff, D. (1996): Tourismus in Südostasien. Klischees und Realitäten. Ein Versuch zur Korrektur eurozentrischer Vorstellungen. In: Meyer, G. u. A. Thimm (Hrsg.) (1996): Tourismus in der Dritten Welt. Mainz (= Interdisziplinärer Arbeitskreis Dritte Welt, Bd. 10). S. 73 - 114.
v. Baretta, M. (Hrsg.) (2003): Der Fischer Weltalmanach 2004. Zahlen, Daten, Fakten. Frankfurt am Main.

Vorlaufer, K. (1990): Dritte-Welt-Tourismus - Vehikel der Entwicklung oder Weg in die Unterentwicklung?. In: Geographische Rundschau 42, H. 1,
S. 4 - 12.

Vorlaufer, K. (1996): Tourismus in Entwicklungsländern. Möglichkeiten und Grenzen einer nachhaltigen Entwicklung durch Fremdenverkehr. Darmstadt.

Vorlaufer, K. (2001): Tourismus. Ein Instrument zum Abbau regionaler Disparitäten in Entwicklungsländern. In: Geographie und Schule 133, H. 10, S. 11 - 22.

Vorlaufer, K. (2003): Tourismus in Entwicklungsländern. Bedeutung, Auswirkungen, Tendenzen. In: Geographische Rundschau 55, H. 3,
S. 4 – 13.

Vorlaufer, K. u. H. Becker-Baumann (2003): Massentourismus und Umweltbelastung in Entwicklungsländern. Umweltbewertung und –verhalten der Thai-Bevölkerung in Tourismuszentren Südthailands. In: Becker, C., H. Hopfinger u. A. Steinecke (Hrsg.) (2003): Geographie der Freizeit und des Tourismus. München u. Wien, 2003. S. 876 - 887.

Internetquellen:

Steiner, Christian (o. J.): Tourismus in Ägypten. Entwicklungsperspektiven zwischen Globalisierung und politischem Risiko. Online unter: http://www.geo.uni-mainz.de/carew/en/5_05_steiner.pdf

Zuletzt abgerufen am: 18.08.05

Abbildungsverzeichnis: